工业和信息化精品系列教材

Android 移动应用开发案例教程
（慕课版）
工作手册

段仕浩　黄　伟　赵朝辉　主编

禤　静　苏叶健　徐　冬　许建豪　副主编

U0265206

人民邮电出版社

北　京

目 录 CONTENTS

第1章
Android 开发环境搭建

1.1 预习要点

在学习本章内容前，可以带着如下问题进行预习，并在本页进行记录。

1. 什么是 Android 操作系统？当前最新的 Android 操作系统是什么版本？

2. 搭建 Android 开发环境需要用到哪些工具？搭建过程有哪些关键步骤？

3. 创建和运行 Android 工程的步骤有哪些？其中有什么需要注意的地方？

4. 如何开启手机运行 Android 工程？其中有什么需要注意的地方？

_____

_____

_____

_____

1.8 课堂笔记

1. Android 操作系统的介绍

_____

_____

_____

_____

2. Android 开发环境的搭建

_____

_____

_____

_____

3. 创建一个 Android 工程的步骤

_____

_____

_____

_____

4. 在模拟器及手机中运行 Android 工程

_____

_____

_____

_____

_____

1.9 实训记录

1. 实训记录一

_____

_____

_____

_____

项目名称：

_____

_____

_____

_____

实训内容：

_____

_____

_____

_____

2. 实训记录二

_____

_____

_____

_____

_____

项目名称：

_____

_____

_____

_____

实训内容：

_____

_____

_____

_____

_____

_____

_____

_____

_____

_____

1.10 课程评价表及评价标准

学习完本章内容后，可以根据下面的评价表如表 1.1 所示，多维度地对学习过程及效果进行评价。学完整门课程后，可将每章的评价汇总至课程总评价表，得出整门课程的最终评价。建议每 2～3 人组建一个学习小组，以小组形式进行学习及评价，评价标准如表 1.2 所示。

表 1.1　第 1 章　学习评价（百分制）

学号：　　　　　　　　　　　姓名：　　　　　　　　　　　班级：

项目	自评成绩(100 分)	师评成绩(100 分)	总成绩(自评 40%+师评 60%)	备注
预习成绩				
课堂成绩				
实训成绩				
课堂笔记				
团队情况				
课程作业				
本章最终成绩（总成绩/6）				

表 1.2　评价标准

项目	分制	评价标准（自评+师评）
预习成绩	100	根据"预习要点"部分是否记录预习情况酌情给分
课堂成绩	100	根据课堂表现（到课情况、专注度、课堂讨论、回答问题等）酌情给分
实训成绩	100	结合"实训记录"部分，对照课堂练习完成情况酌情给分
课堂笔记	100	根据"课堂笔记"部分是否记录笔记情况酌情给分
团队情况	100	根据学习小组中的团队协作情况酌情给分
课程作业	100	根据课后作业完成情况酌情给分

第2章
Android Studio 使用入门

2.1 预习要点

本章将介绍 Android Studio 开发工具和 Android 项目结构。可以带着如下问题进行预习，并在本页进行记录。

1. Android Studio 的界面由哪些部分构成？

2. Android 项目结构包含哪些内容？

3. Android 清单文件的主要作用是什么？

4. Android Studio 常用的 Log 工具有哪些？

_____

_____

_____

_____

_____

2.8 课堂笔记

1. Android Studio 开发工具

_____

_____

_____

_____

_____

2. Android 项目结构

_____

_____

_____

_____

_____

3. Android Studio 开发技巧

_____

_____

_____

_____

_____

4. Android Studio 的 Log 工具

_____

_____

_____

_____

_____

2.9 实训记录

1. 实训记录一

_____

_____

_____

_____

_____

项目名称：

_____

_____

_____

_____

实训内容：

_____

_____

_____

_____

2. 实训记录二

_____

_____

_____

_____

_____

项目名称:

_____

_____

_____

_____

实训内容:

_____

_____

_____

_____

_____

_____

_____

_____

_____

2.10 课程评价表及评价标准

学习完本章内容后，可以根据下面的评价表如表 2.1 所示，多维度地对学习过程及效果进行评价。学完整门课程后，可将每章的评价汇总至课程总评价表，得出整门课程的最终评价。建议 2~3 人组建学习小组，以小组形式进行学习及评价，评价标准如表 2.2 所示。

表 2.1 第 2 章 学习评价（百分制）

学号：　　　　　　　　　　姓名：　　　　　　　　　　班级：

项目	自评成绩(100 分)	师评成绩(100 分)	总成绩(自评 40%+师评 60%)	备注
预习成绩				
课堂成绩				
实训成绩				
课堂笔记				
团队情况				
课程作业				
本章最终成绩（总成绩/6）				

表 2.2 评价标准

项目	分制	评价标准（自评+师评）
预习成绩	100	根据"预习要点"部分是否记录预习情况酌情给分
课堂成绩	100	根据课堂表现（到课情况、专注度、课堂讨论、回答问题等）酌情给分
实训成绩	100	结合"实训记录"部分，对照课堂练习完成情况酌情给分
课堂笔记	100	根据"课堂笔记"部分是否记录笔记情况酌情给分
团队情况	100	根据学习小组中的团队协作情况酌情给分
课程作业	100	根据课后作业完成情况酌情给分

第3章
Android 常用 UI 布局及控件一

3.1 预习要点

本章主要学习 Android 的常用布局及控件的使用。可以带着如下问题进行预习，并在本页进行记录。

1. LinearLayout 的排列方向有哪几个？它们由哪个属性进行控制？

2. RelativeLayout 有几类属性？请分别写出 3 个属性。

3. Button 控件的单击监听有几种实现方式？

4. RadioButton 控件和 RadioGroup 控件是什么关系？

_____

_____

_____

_____

3.8　课堂笔记

1. LinearLayout 的应用

_____

_____

_____

_____

2. RelativeLayout 的应用

_____

_____

_____

_____

3. Android 常用 UI 控件

_____

_____

_____

_____

3.9 实训记录

1. 实训记录一

项目名称：

实训内容：

2. 实训记录二

项目名称：

_____

_____

_____

_____

实训内容：

_____

_____

_____

_____

_____

3.10 课程评价表及评价标准

学习完本章内容后，可以根据下面的评价表如表 3.1 所示，多维度地对学习过程及效果进行评价。学完整门课程后，可将每章的评价汇总至课程总评价表，得出整门课程的最终评价。建议 2~3 人组建学习小组，以小组形式进行学习及评价，评价标准如表 3.2 所示。

表 3.1 第 3 章 学习评价（百分制）

学号： 姓名： 班级：

项目		自评成绩(100 分)	师评成绩(100 分)	总成绩(自评 40%+师评 60%)	备注
预习成绩					
课堂成绩					
实训成绩					
课堂笔记					
团队情况					
课程作业					
	本章最终成绩（总成绩/6）				

表 3.2　评价标准

项目	分制	评价标准（自评+师评）
预习成绩	100	根据"预习要点"部分是否记录预习情况酌情给分
课堂成绩	100	根据课堂表现（到课情况、专注度、课堂讨论、回答问题等）酌情给分
实训成绩	100	结合"实训记录"部分，对照课堂练习完成情况酌情给分
课堂笔记	100	根据"课堂笔记"部分是否记录笔记情况酌情给分
团队情况	100	根据学习小组中的团队协作情况酌情给分
课程作业	100	根据课后作业完成情况酌情给分

第 4 章
Android 常用 UI 布局及控件二

4.1 预习要点

　　本章主要介绍 FrameLayout、GridLayout、ConstraintLayout 布局容器及常用 UI 控件。可以带着如下问题进行预习，并在本页进行记录。

　　1. GridLayout 的排列方向有哪几个？它们由哪个属性进行控制？

_____

_____

_____

_____

　　2. ConstraintLayout 的定位方式有哪些？

_____

_____

_____

_____

　　3. ImageButton 控件的单击监听有几种实现方式？

_____

_____

_____

_____

4. 如何响应 AlertDialog 控件的按钮事件?

_____

_____

_____

_____

_____

4.8 课堂笔记

1. FrameLayout、GridLayout 的应用

_____

_____

_____

_____

_____

2. ConstraintLayout 的应用

_____

_____

_____

_____

_____

3. ImageView、ImageButton、ProgressBar 控件

_____

_____

_____

_____

_____

4. Toast、PopupWindow、AlertDialog 控件

_____

_____

_____

_____

_____

4.9 实训记录

1. 实训记录一

_____

_____

_____

_____

_____

项目名称:

_____

_____

_____

_____

实训内容:

_____

_____

_____

_____

2. 实训记录二

项目名称:

实训内容:

4.10 课程评价表及评价标准

学习完本章内容后，可以根据下面的评价表如表 4.1 所示，多维度地对学习过程及效果进行评价。学完整门课程后，可将每章的评价汇总至课程总评价表，得出整门课程的最终评价。建议 2～3 人组建学习小组，以小组形式进行学习及评价，评价标准如表 4.2 所示。

表 4.1 第 4 章 学习评价（百分制）

学号：　　　　　　　　　　　姓名：　　　　　　　　　　　班级：

项目	自评成绩(100 分)	师评成绩(100 分)	总成绩(自评 40%+师评 60%)	备注
预习成绩				
课堂成绩				
实训成绩				
课堂笔记				
团队情况				
课程作业				
本章最终成绩（总成绩/6）				

表 4.2 评价标准

项目	分制	评价标准（自评+师评）
预习成绩	100	根据"预习要点"部分是否记录预习情况酌情给分
课堂成绩	100	根据课堂表现（到课情况、专注度、课堂讨论、回答问题等）酌情给分
实训成绩	100	结合"实训记录"部分，对照课堂练习完成情况酌情给分
课堂笔记	100	根据"课堂笔记"部分是否记录笔记情况酌情给分
团队情况	100	根据学习小组中的团队协作情况酌情给分
课程作业	100	根据课后作业完成情况酌情给分

第 5 章
Android 组件 Activity

5.1 预习要点

本章主要介绍 Activity 组件的相关知识。可以带着如下问题进行预习，并在本页进行记录。

1. 如何在项目中新增 Activity？请写出 Activity 的配置信息

_____

_____

_____

_____

_____

2. Intent 在 Activity 跳转的作用是什么？请写出关键代码

_____

_____

_____

_____

_____

3. 如何在 Activity 之间传递数据？请写出关键代码

_____

_____

_____

_____

_____

4. Activity 组件的生命周期是什么？

_____

_____

_____

_____

_____

5.10 课堂笔记

1. Activity 组件的创建

_____

_____

_____

_____

_____

2. Intent 和 IntentFilter 的解析

_____

_____

_____

_____

_____

3. Activity 的传值

_____

_____

_____

_____

_____

4. Activity 的生命周期

_____

_____

_____

_____

_____

5.11 实训记录

1. 实训记录一

_____

_____

_____

_____

项目名称:

_____

_____

_____

_____

实训内容:

_____

_____

_____

_____

_____

2. 实训记录二

_____

_____

_____

_____

项目名称：

_____

_____

_____

_____

实训内容：

_____

_____

_____

_____

_____

_____

_____

_____

_____

5.12 课程评价表及评价标准

学习完本章内容后，可以根据下面的评价表如表 5.1 所示，多维度地对学习过程及效果进行评价。学完整门课程后，可将每章的评价汇总至课程总评价表，得出整门课程的最终评价。建议 2～3 人组建学习小组，以小组形式进行学习及评价，评价标准如表 5.2 所示。

表 5.1　学习评价（百分制）

学号：　　　　　　　　　　　　姓名：　　　　　　　　　　　　班级：

项目	自评成绩(100 分)	师评成绩(100 分)	总成绩(自评40%+师评60%)	备注
预习成绩				
课堂成绩				
实训成绩				
课堂笔记				
团队情况				
课程作业				
本章最终成绩（总成绩/6）				

表 5.2　评价标准

项目	分制	评价标准（自评+师评）
预习成绩	100	根据"预习要点"部分是否记录预习情况酌情给分
课堂成绩	100	根据课堂表现（到课情况、专注度、课堂讨论、回答问题等）酌情给分
实训成绩	100	结合"实训记录"部分，对照课堂练习完成情况酌情给分
课堂笔记	100	根据"课堂笔记"部分是否记录笔记情况酌情给分
团队情况	100	根据学习小组中的团队协作情况酌情给分
课程作业	100	根据课后作业完成情况酌情给分

第6章
Android 高级控件 ListView 和 RecyclerView

6.1 预习要点

本章主要介绍 Android 的 ListView 控件和 RecyclerView 控件的使用。可以带着如下问题进行预习，并在本页进行记录。

1. ListView 控件的适配器有哪几个？

_____

_____

_____

2. ListView 控件如何实现下拉刷新功能？

_____

_____

_____

_____

3. RecyclerView 控件的适配器类主要有哪几个方法？

_____

_____

_____

_____

4. SwipeRefreshLayout 控件的主要作用是什么？

_____

_____

_____

_____

6.10 课堂笔记

1. ListView 控件的使用

_____

_____

_____

_____

_____

2. ListView 控件的常用 Listener

_____

_____

_____

_____

_____

3. RecyclerView 控件的使用

_____

_____

_____

_____

_____

4. RecyclerView 数据列表单击监听及下拉刷新控件

6.11 实训记录

1. 实训记录一

项目名称：

实训内容：

2. 实训记录二

_____

_____

_____

_____

_____

项目名称:

_____

_____

_____

_____

实训内容:

_____

_____

_____

_____

_____

_____

_____

_____

_____

_____

_____

6.12 课程评价表及评价标准

学习完本章内容后，可以根据下面的评价表如表 6.1 所示，多维度地对学习过程及效果进行评价。学完整门课程后，可将每章的评价汇总至课程总评价表，得出整门课程的最终评价。建议 2～3 人组建学习小组，以小组形式进行学习及评价，评价标准如表 6.2 所示。

表 6.1　学习评价（百分制）

学号：　　　　　　　　　　　姓名：　　　　　　　　　　　班级：

项目	自评成绩(100 分)	师评成绩(100 分)	总成绩(自评 40%+师评 60%)	备注
预习成绩				
课堂成绩				
实训成绩				
课堂笔记				
团队情况				
课程作业				
本章最终成绩（总成绩/6）				

表 6.2　评价标准

项目	分制	评价标准（自评+师评）
预习成绩	100	根据"预习要点"部分是否记录预习情况酌情给分
课堂成绩	100	根据课堂表现（到课情况、专注度、课堂讨论、回答问题等）酌情给分
实训成绩	100	结合"实训记录"部分，对照课堂练习完成情况酌情给分
课堂笔记	100	根据"课堂笔记"部分是否记录笔记情况酌情给分
团队情况	100	根据学习小组中的团队协作情况酌情给分
课程作业	100	根据课后作业完成情况酌情给分

第7章

Android 高级控件 ViewPager 和 Fragment

7.1 预习要点

本章主要介绍 ViewPager 控件和 Fragment 控件的使用。可以带着如下问题进行预习，并在本页进行记录。

1. ViewPager 控件可以用来实现什么功能？

_____

_____

_____

_____

2. PagerAdapter 适配器主要有哪些？

_____

_____

_____

_____

3. Fragment 控件主要用于解决什么问题？

_____

_____

_____

_____

4. Fragment 控件的适配器有哪些？

_____

_____

_____

_____

7.8 课堂笔记

1. PagerAdapter 在 ViewPager 控件中的使用

_____

_____

_____

_____

_____

2. Fragment 控件的介绍和用法

_____

_____

_____

_____

3. Fragment 控件的适配器的使用

_____

_____

_____

_____

_____

4. ViewPager 控件与 Fragment 控件的综合使用

_____

_____

_____

_____

_____

7.9 实训记录

1. 实训记录一

_____

_____

_____

_____

_____

项目名称:

_____

_____

_____

_____

实训内容:

_____

_____

_____

_____

2. 实训记录二

_____

_____

_____

_____

_____

项目名称:

_____

_____

_____

_____

实训内容:

_____

_____

_____

_____

_____

_____

_____

_____

_____

_____

7.10 课程评价表及评价标准

学习完本章内容后，可以根据下面的评价表如表 7.1 所示，多维度地对学习过程及效果进行评价。学完整门课程后，可将每章的评价汇总至课程总评价表，得出整门课程的最终评价。建议 2～3 人组建学习小组，以小组形式进行学习及评价，评价标准如表 7.2 所示。

表 7.1　学习评价（百分制）

学号：　　　　　　　　　　　　姓名：　　　　　　　　　　　　班级：

项目	自评成绩(100 分)	师评成绩(100 分)	总成绩(自评 40%+师评 60%)	备注
预习成绩				
课堂成绩				
实训成绩				
课堂笔记				
团队情况				
课程作业				
本章最终成绩（总成绩/6）				

表 7.2　评价标准

项目	分制	评价标准（自评+师评）
预习成绩	100	根据"预习要点"部分是否记录预习情况酌情给分
课堂成绩	100	根据课堂表现（到课情况、专注度、课堂讨论、回答问题等）酌情给分
实训成绩	100	结合"实训记录"部分，对照课堂练习完成情况酌情给分
课堂笔记	100	根据"课堂笔记"部分是否记录笔记情况酌情给分
团队情况	100	根据学习小组中的团队协作情况酌情给分
课程作业	100	根据课后作业完成情况酌情给分

第8章

Android 的网络编程框架 Volley 和 Gson

8.1 预习要点

本章主要介绍 Android 的网络编程，我们会学习到 Volley 框架和 Gson 框架，并使用它们高效地开发 App。可以带着如下问题进行预习，并在本页进行记录。

1. Android 中使用 Volley 框架的步骤有哪些？

_____

_____

_____

_____

2. 请写出一个简单的 Json 格式数据

_____

_____

_____

_____

3. 如何添加 Gson 框架到 Android 工程

_____

_____

_____

_____

4. 请说明 Gson 框架的使用步骤

_____

_____

_____

_____

_____

8.9 课堂笔记

1. HTTP

_____

_____

_____

_____

_____

2. Volley 框架的使用

_____

_____

_____

_____

3. Json 数据的解析

_____

_____

_____

_____

4. Gson 框架的使用

_____

_____

_____

_____

_____

8.10　实训记录

1. 实训记录一

_____

_____

_____

_____

_____

项目名称：

_____

_____

_____

_____

实训内容：

_____

_____

_____

_____

_____

2. 实训记录二

_____

_____

_____

_____

_____

项目名称:

_____

_____

_____

_____

实训内容:

_____

_____

_____

_____

_____

_____

_____

_____

_____

_____

8.11 课程评价表及评价标准

学习完本章内容后，可以根据下面的评价表如表 8.1 所示，多维度地对学习过程及效果进行评价。学完整门课程后，可将每章的评价汇总至课程总评价表，得出整门课程的最终评价。建议 2~3 人组建学习小组，以小组形式进行学习及评价，评价标准如表 8.2 所示。

表 8.1　学习评价（百分制）

学号：　　　　　　　　　　姓名：　　　　　　　　　　班级：

项目	自评成绩(100 分)	师评成绩(100 分)	总成绩(自评 40%+师评 60%)	备注
预习成绩				
课堂成绩				
实训成绩				
课堂笔记				
团队情况				
课程作业				
本章最终成绩（总成绩/6）				

表 8.2　评价标准

项目	分制	评价标准（自评+师评）
预习成绩	100	根据"预习要点"部分是否记录预习情况酌情给分
课堂成绩	100	根据课堂表现（到课情况、专注度、课堂讨论、回答问题等）酌情给分
实训成绩	100	结合"实训记录"部分，对照课堂练习完成情况酌情给分
课堂笔记	100	根据"课堂笔记"部分是否记录笔记情况酌情给分
团队情况	100	根据学习小组中的团队协作情况酌情给分
课程作业	100	根据课后作业完成情况酌情给分

第9章
综合项目："影视分享"App 的开发

9.1 预习要点

　　本章主要应用前文学到的知识开发一个综合项目——"影视分享"App。可以带着如下问题进行预习，并在本页进行记录。

1. "影视分享"App 的侧滑菜单项是如何配置的?

_____

_____

_____

_____

_____

2. 在"影视分享"App 中如何保存已收藏的电影信息?

_____

_____

_____

_____

_____

3. 使用 ShareSDK 前需要做哪些配置?

_____

_____

_____

_____

_____

4. 如何使用 ShareSDK 实现第三方登录功能？

_____

_____

_____

_____

_____

9.13 课堂笔记

1. "影视分享" App 的 Meterial Design 风格菜单设计

_____

_____

_____

_____

_____

2. "影视分享" App 的数据访问框架的搭建

_____

_____

_____

_____

_____

3. "影视分享" App 的电影列表功能

_____

_____

_____

_____

_____

4. “影视分享” App 收藏模块

_____

_____

_____

_____

_____

9.14 实训记录

1. 实训记录一

_____

_____

_____

_____

_____

项目名称：

_____

_____

_____

_____

实训内容：

_____

_____

_____

_____

_____

2. 实训记录二

项目名称:

实训内容:

9.15 课程评价表及评价标准

学习完本章内容后，可以根据下面的评价表如表 9.1 所示，多维度地对学习过程及效果进行评价。学完整门课程后，可将每章的评价汇总至课程总评价表，得出整门课程的最终评价。建议 2~3 人组建学习小组，以小组形式进行学习及评价，评价标准如表 9.2 所示。

表 9.1 学习评价（百分制）

学号:　　　　　　　　　　　　　姓名:　　　　　　　　　　　　　班级:

项目	自评成绩(100 分)	师评成绩(100 分)	总成绩(自评 40%+师评 60%)	备注
预习成绩				
课堂成绩				
实训成绩				
课堂笔记				
团队情况				
课程作业				
本章最终成绩（总成绩/6）				

表 9.2 评价标准

项目	分制	评价标准（自评+师评）
预习成绩	100	根据"预习要点"部分是否记录预习情况酌情给分
课堂成绩	100	根据课堂表现（到课情况、专注度、课堂讨论、回答问题等）酌情给分
实训成绩	100	结合"实训记录"部分，对照课堂练习完成情况酌情给分
课堂笔记	100	根据"课堂笔记"部分是否记录笔记情况酌情给分
团队情况	100	根据学习小组中的团队协作情况酌情给分
课程作业	100	根据课后作业完成情况酌情给分

本门课程最终评价

学习本门课程时，在每章都会遇到一个多维度的评价表，请认真填表并将每章的评价成绩汇总至表 1[本门课程最终评价表（百分制）]，得出本门课程的最终评价。

表 1　本门课程最终评价（百分制）

学号：　　　　　　　　　　姓名：　　　　　　　　　　班级：

项目	章评价成绩	备注
第 1 章评价成绩		
第 2 章评价成绩		
第 3 章评价成绩		
第 4 章评价成绩		
第 5 章评价成绩		
第 6 章评价成绩		
第 7 章评价成绩		
第 8 章评价成绩		
第 9 章评价成绩		
整体评价成绩		对课程学习整体表现进行评价（百分制）
课程成绩（总成绩/10）		